只剩一个红薯

〔韩〕梁连珠 / 著 〔韩〕金福华 / 绘 刘娟 / 译

云南出版集团 晨光出版社

家里只剩下一个红薯了。

肚子里怀着小宝宝的田鼠太太，既想吃红薯甜汤，又想吃香炸红薯，还想吃红薯沙拉。

而田鼠先生就只想吃一碗热乎乎的红薯甜汤。

但是，红薯只有一个，该怎么分配，才能满足这对田鼠夫妇的心愿呢？

究竟该怎么分
才合适呢？

稍等！不是说田鼠夫妇
都想吃红薯甜汤吗？
那么用来做甜汤的那一块红薯，
应该大一些才对！

农夫结束秋收已经有一段时间了，田野里再也找不到可以吃的东西。只有一些干枯的叶子四处散落着。但是，好像有什么东西微微探出了头。

是红薯！一个半埋在土里的红薯。

应该是农夫在忙碌中不小心遗落在这里的。

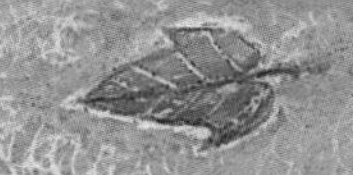

正在这时，一只身形巨大的野猪，步履蹒跚地从山上走了下来。他已经饿了三天，早就饥肠辘辘了。

“咦，那是什么呀？”忽然，野猪眼前一亮，他发现了半埋在土里的红薯。

与此同时，一只田鼠出现在红薯的另一边。

“哇哦，有红薯！”

野猪和田鼠同时朝红薯跑过去。

“这是我的！”他们俩异口同声喊了起来。

一时间，周围的空气都变得紧张起来，他们生气地看着对方。

“这是我先发现的！”他们再次不约而同地喊道。

很明显，谁都不想放弃这个红薯。

这时，野猪灵机一动。

他用温柔的声音对田鼠说："喂，小田鼠啊，不如我们把红薯分成 3 块。你长得小，你拿 1 块，我长这么大，肯定得多拿一些，我要 2 块，你看怎么样？"

“不行！”田鼠果断地说，“这红薯是咱俩同时发现的，当然得平分，这样才算公平。”

虽然面对野猪，田鼠有点儿害怕，但一想到肚子里正怀着小宝宝的妻子，他立刻变得勇敢起来。

野猪想把整个红薯占为己有，于是心生一计。

他用温柔的声音继续劝说着田鼠：“田鼠老弟，我可是寻找红薯的高手，不如这样吧，今天找到的这个红薯，我先吃。明天等我找到红薯，我就给你吃。”

聪明的田鼠当然不会上当，他说：“我们这样争吵下去没有意义，不如找个裁判，评评理。”

“裁判？找谁当裁判呢？”野猪对田鼠的提议很感兴趣。

“这里什么动物都没有，我们去别的地方找个裁判吧！”

于是，他们俩带上红薯出发了。

离开田地后，眼前出现了一棵很高大的树，树上停着一只啄木鸟。

“啄木鸟，你好！我们想请你做裁判，你能帮我们评判一下，该怎么分这个红薯吗？”

“也就是说，现在只有一个红薯，但是你们俩都想要，对吗？”

野猪和田鼠一齐点了点头。

“笃笃笃，”啄木鸟说，“你们可以平分啊！也就是说，每人$\frac{1}{2}$。”

“每人一半？太好啦！”田鼠立马表示赞成。

但是野猪却不高兴了，发出了可怕的声音：“哼哼，不要胡说八道了！你知道我的肚子饿了多久了吗？”

$\frac{1}{3}$
$\frac{1}{3}$

野猪对审判结果不满意。没办法，野猪和田鼠只好再次走上了寻找裁判的路。

这次，他们看到了在天空中盘旋的老鹰。于是，田鼠就把这件事的原委都说给了老鹰听。

听完之后，老鹰眼珠一转，说："这事你们找我算是找对人了。只要分成同等大小的 3 份就可以啦。"

"然后呢？"野猪和田鼠问。

"当然是野猪$\frac{1}{3}$，田鼠$\frac{1}{3}$，作为裁判的我，也要吃$\frac{1}{3}$啦。"

听到这儿，野猪和田鼠纷纷摇头。

算了，还是再去找一个裁判吧。

一路上，他们俩你一言我一语地争吵个没完。

正在这时，一只锦鸡从草丛里走出来。

“听上去，你们的问题的确有些棘手，不过，我倒有个主意……”

就这样，野猪和田鼠请锦鸡给他们当裁判。

锦鸡认真思考后说道：“野猪长得大，可以拿走红薯的$\frac{1}{4}$，而田鼠长得小，可以拿走红薯的$\frac{1}{2}$。”

听完锦鸡说的话，野猪和田鼠面面相觑。

看上去，他们俩谁都没听懂。

性格急躁的野猪忍不住首先发问了：“锦鸡兄弟，按你的意思，我的那份是更多，还是更少啊？”

锦鸡一脸严肃，俨然一个真正的裁判。

他一边写着数字，一边说：“你们看下面的数字，肯定是 4 更大啊，难不成 2 更大吗？”

“我懂数字的大小，当然是 4 更大。”野猪骄傲地回答。

“没错！ 4 更大，所以野猪你的那一份肯定更大喽！”锦鸡说。

$\frac{1}{4}$
$\frac{1}{2}$

野猪很满意锦鸡的分配方案。

锦鸡悄悄地凑到田鼠耳边说：“小田鼠啊，不要担心。下面的数字越大，分到的红薯块就会越小。你之前救过我的女儿，这一次，算是我报答你的恩情啦。”

“什么？我之前救过锦鸡的女儿吗？”

田鼠仔细回想了一下，“锦鸡的女儿……

哦，原来是那件事啊！”

那是去年春天的一天，一个猎人悄悄走近一只小锦鸡，想趁机抓住她。路过的田鼠正巧看到这一幕，他捡起一块石头，奋不顾身地朝猎人的脸上扔去。

猎人大叫一声，小锦鸡发现了猎人，赶紧拍着翅膀飞走了。

原来，当时救下的那只小锦鸡，就是锦鸡裁判的女儿啊。

野猪以为自己能分到更多的红薯，开心得不得了，甚至唱起歌来。

“哼哼，我是一只野猪，聪明伶俐的野猪，啦啦啦啦啦……”

一个红薯的$\frac{1}{4}$是把红薯平分成 4 份后，其中的 1 份，而$\frac{1}{2}$则是平分成 2 份后其中的 1 份。

然而，野猪并不知道这个真相。

另一边，田鼠正在脑海里思考着锦鸡刚才说的分法。

锦鸡说得没错，$\frac{1}{2}$个红薯肯定比$\frac{1}{4}$个红薯大！

锦鸡开始用自己的喙切割红薯。

他说："就让我尖锐的喙部，给你们把红薯公平地切开吧。"

"好的，太棒了！那就快点儿切吧。"饥饿的野猪已经等不及了。

"先给分得少的田鼠，分得多的野猪，就请你再稍等一会儿吧。"

野猪觉得自己占了便宜，心情大好，说："没问题，我可以等。"说着他闭上了眼睛，开始想象自己吃到红薯的场景，口水都要流出来了。

锦鸡把红薯的一半给了田鼠，小声地说："田鼠啊，你快带上红薯回家，去和你的太太一起吃吧。"

田鼠紧紧地抱着$\frac{1}{2}$的红薯，悄悄地离开了。

"野猪啊，你再稍微等一会儿哟！你的那份比较大，要花费更多的时间。"锦鸡安抚着野猪。

"知道了，我等着！"野猪悠哉悠哉地闭着眼睛，还沉浸在美妙的想象中。他完全不知道，有一半红薯已经消失了。

锦鸡把剩下的$\frac{1}{2}$个红薯分成 2 份，把其中 1 份快速地吃进了自己嘴里。

他留下最后$\frac{1}{4}$个红薯，然后匆匆离开了。

“锦鸡啊，还要多久呀？”野猪忍不住开口问道。

耳边没有任何回应，只有$\frac{1}{4}$个红薯静静地躺在野猪身旁。

但这时的野猪还在闭着眼，开心地笑着呢……

让我们跟田鼠一起回顾一下前面的故事吧！

到了晚秋，已经找不到什么可以吃的食物了。一天，我和野猪同时发现了1个红薯。野猪仗着自己块头大，要求多分一些，于是我们去找人来评判。最后是锦鸡帮了我，他让野猪分得红薯的$\frac{1}{4}$，而我分得$\frac{1}{2}$。野猪不知道在分数里，分母越大，分数就越小，所以他并不知道自己那份更少，他还非常开心呢！

数学面对面

数学概念	认识分数	36
身边的数学	生活中的分数	40
趣味小游戏 1	比萨订单	42
趣味小游戏 2	分饼干	43
趣味小游戏 3	制作坐垫	44
趣味小游戏 4	多种多样的分数	45
趣味小游戏 5	寻找田鼠的家	46
趣味小游戏 6	在故事中加入分数	47
参考答案		48

认识分数

有时，我们会先把甜甜圈平分成两半，或是把一半再分成一半，然后再吃。一半、一半的一半，说起来不够清晰，如果用分数来表示，就方便多啦。

桌子上有 2 个刚刚烤好的甜甜圈。小兔把 1 个甜甜圈全吃了，阿虎把甜甜圈等分成 4 份后，吃了其中的 1 份。那么，阿虎究竟吃了 1 个甜甜圈的多少呢？把整体等分成 4 份后，其中的 1 份，写作“$\frac{1}{4}$”，读作“四分之一”。像这样用来表示整体中一部分的数，就叫作“分数”。

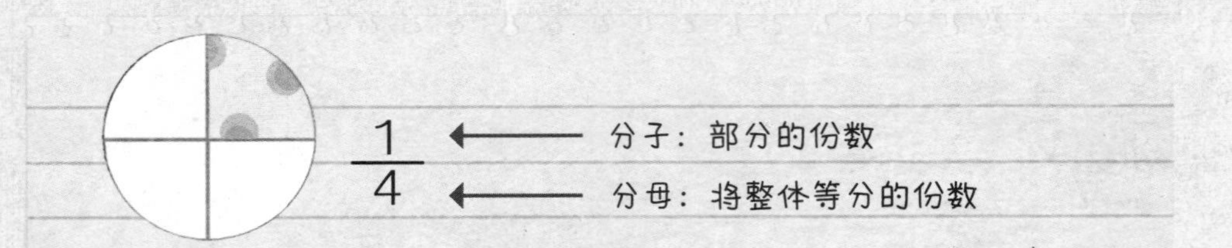

中间的横线叫“分数线”，下面的数是“分母”，上面的数就是“分子”。

接下来，我们再来研究下其他分数的示例。

托盘里一共有 15 个豆沙糕，阿狸吃了其中的 5 个。怎样来表示阿狸吃了全部豆沙糕的多少呢?

首先，阿狸吃了 5 个豆沙糕，按照 5 个 1 组，将 15 个豆沙糕分别放在托盘上。这样，就把豆沙糕分成了 3 组。

将 15 个豆沙糕平均分成 3 组后，5 个就是其中的 1 组。所以，5 是 15 的$\frac{1}{3}$。

现在，相信小朋友们对分数的含义已经有了初步的了解。其实分数还分为不同的种类，我们来慢慢研究一下吧。

把一个整体平均分成若干份，表示其中一份的数叫**分数单位**。分数单位的分子一直都是 1。

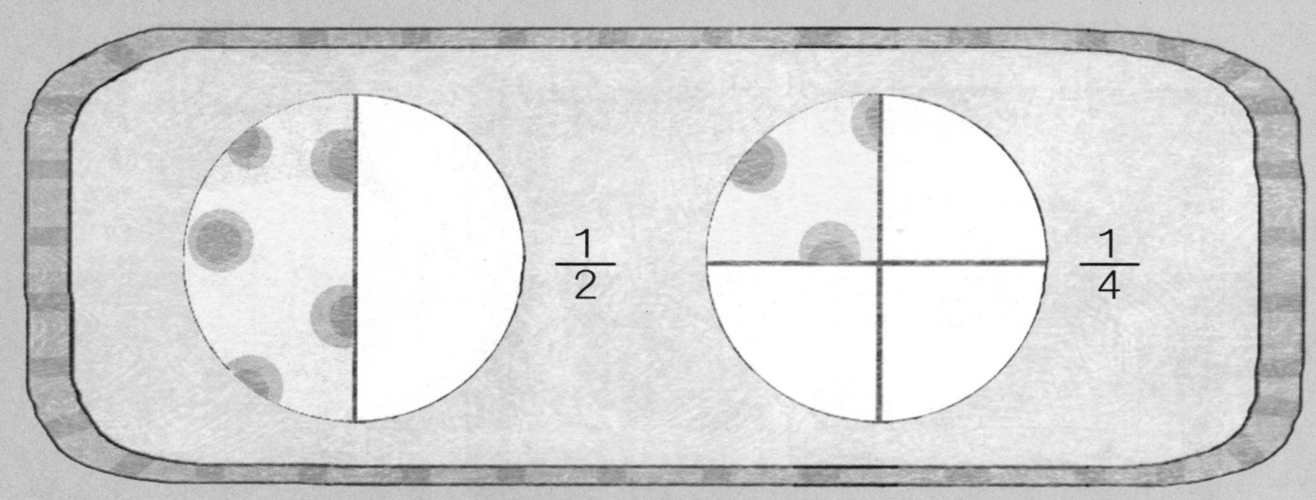

分数单位的分子是 1，所以只要看分母，就可以比较出分数的大小。在分数单位中，分母的数越小，这个分数就越大。

接下来，我们来研究一下**真分数**。真分数是指分子比分母小的分数。比如分母是 5，那么分子要比 5 小，所以$\frac{3}{5}$、$\frac{4}{5}$等都是真分数。

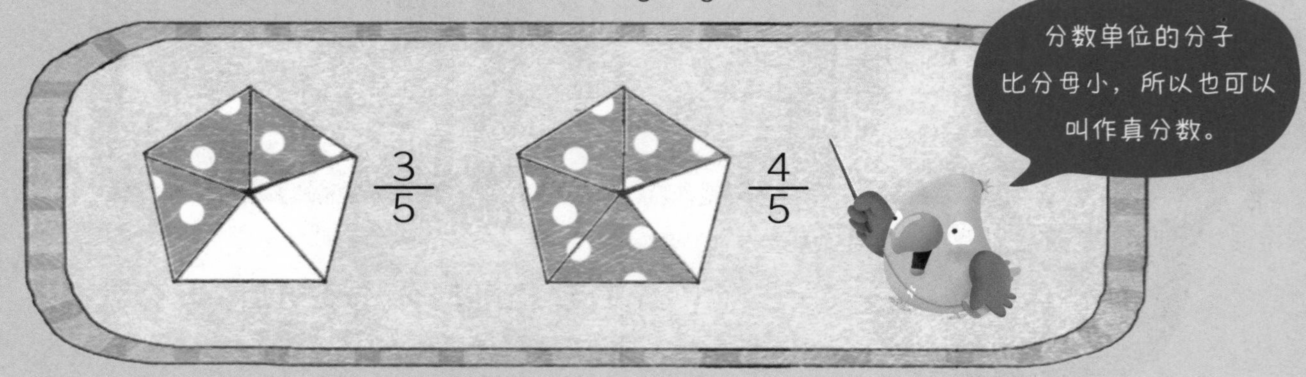

当分子和分母相等，或分子比分母大时，这样的分数被称为**假分数**，比如分母是 4，像$\frac{4}{4}$，$\frac{7}{4}$就是假分数。

最后是**带分数**，这是由整数和真分数合成的分数。1 和$\frac{4}{6}$合在一起，写作“$1\frac{4}{6}$”，读作“一又六分之四”。

好奇心一刻

假分数的秘密是什么呢？

假分数是分子与分母相等，或者比分母大的分数。那么，分子与分母相等时意味着什么呢？例如：$\frac{2}{2}$表示一个面包等分成 2 份后，其中的 2 份，所以$\frac{2}{2}$也就是 1，$\frac{3}{3}$，$\frac{4}{4}$，$\frac{5}{5}$也一样。而分子比分母大，就意味着分数值比 1 大。因此假分数永远与 1 同样大，或者比 1 要大。

生活中的分数

分数可以精确地表达整体的一部分，学会了分数，我们就不用说一半的一半，或者一半的一半的一半了，只需说$\frac{1}{4}$或$\frac{1}{8}$就可以了。那么在其他学科中，蕴含着哪些分数知识呢？

历史

分数的历史

很早以前，由于进行测量和均分的需要，人们引入并使用了分数。中国分数出现的历史可以追溯到春秋时期。

《左传》一书中，规定了诸侯的都城大小：最大不可超过周文王国都的三分之一，中等的不可超过五分之一，小的不可超过九分之一。而秦始皇时代的历法规定：一年的天数为三百六十五又四分之一。这说明：分数在中国很早就出现了，并且用于社会生产和生活。

写于西汉时期的《九章算术》，不仅提到了分数，还记录了系统的分数运算方法。这比欧洲大约早了1400年。通过刘徽所著的《九章算术注》我们知道，《九章算术》中讲到的分数计算法则与我们现在的分数运算法则基本相同，是世界上最早的系统叙述分数的著作。

▲《九章算术》是中国古代的数学专著。它的出现标志中国古代数学形成了完整的体系。

社会

缺水的国家

在世界上的很多国家，缺水都成为一个日益严重的问题。据统计，拥有$\frac{1}{3}$世界人口的80多个国家，都在承受缺水带来的痛苦。地球表面约$\frac{2}{3}$的面积被水覆盖着，但是大部分都是海水。即便是在地表水中，也有约$\frac{3}{4}$处于冰河状态。所以实际可用的水是极其稀少的。随着人口的不断增加，缺水国家也越来越多。我们必须要珍惜水源，从我做起，用实际行动节约用水。

▲长期缺水导致地表干裂

美术

版画中蕴含的分数

版画是用刻刀对木材或者金属等材料进行加工，然后用墨水或者水彩等上色，最后印在纸张或者布匹上的一种画。版画的优势是一旦刻画完成，就可以复印很多张。版画上通常会有分数形式的印数编号，例如，$\frac{9}{30}$意味着同一张版画，一共印制了30张作品，而这是第9张。

比萨订单

森林比萨店收到几份外卖订单。请你根据订单上描述的情况，找到比萨块数正确的订单并圈出来吧！

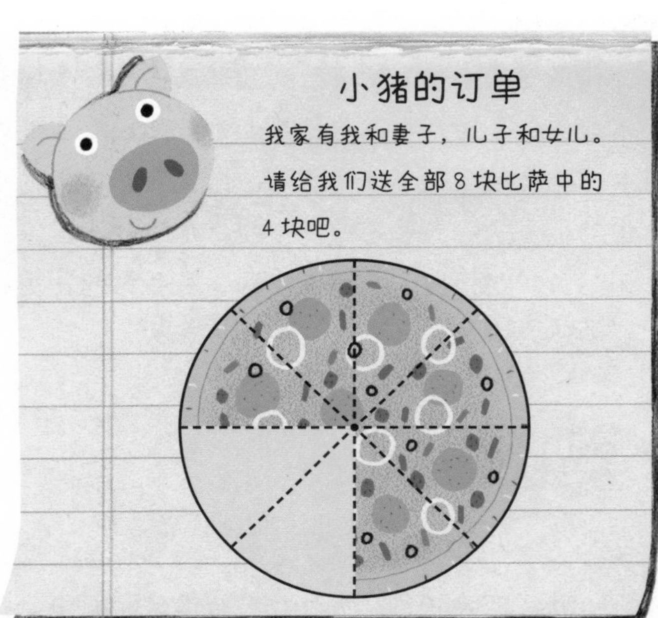

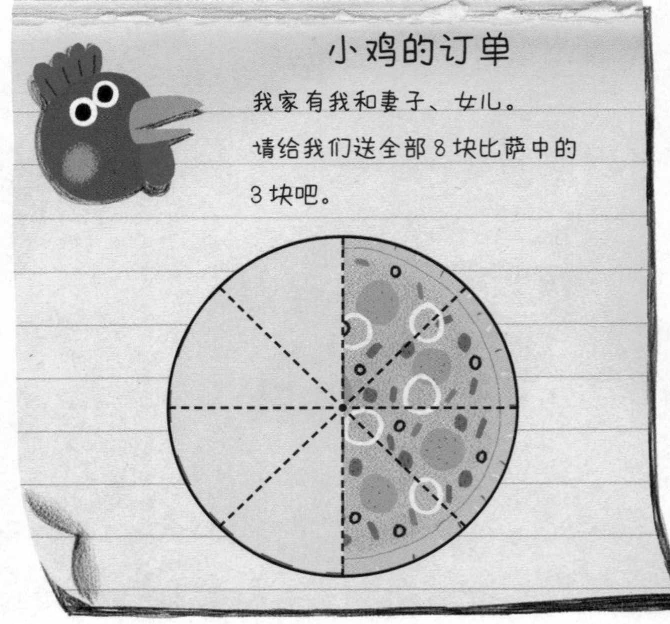

分饼干

趣味小游戏2

饼干已经根据小麻雀的只数等分好了，每只小麻雀可以分别得到一块饼干的多少？按照示例，把正确的分数写在指示牌上，再给饼干上对应的分量涂上颜色。

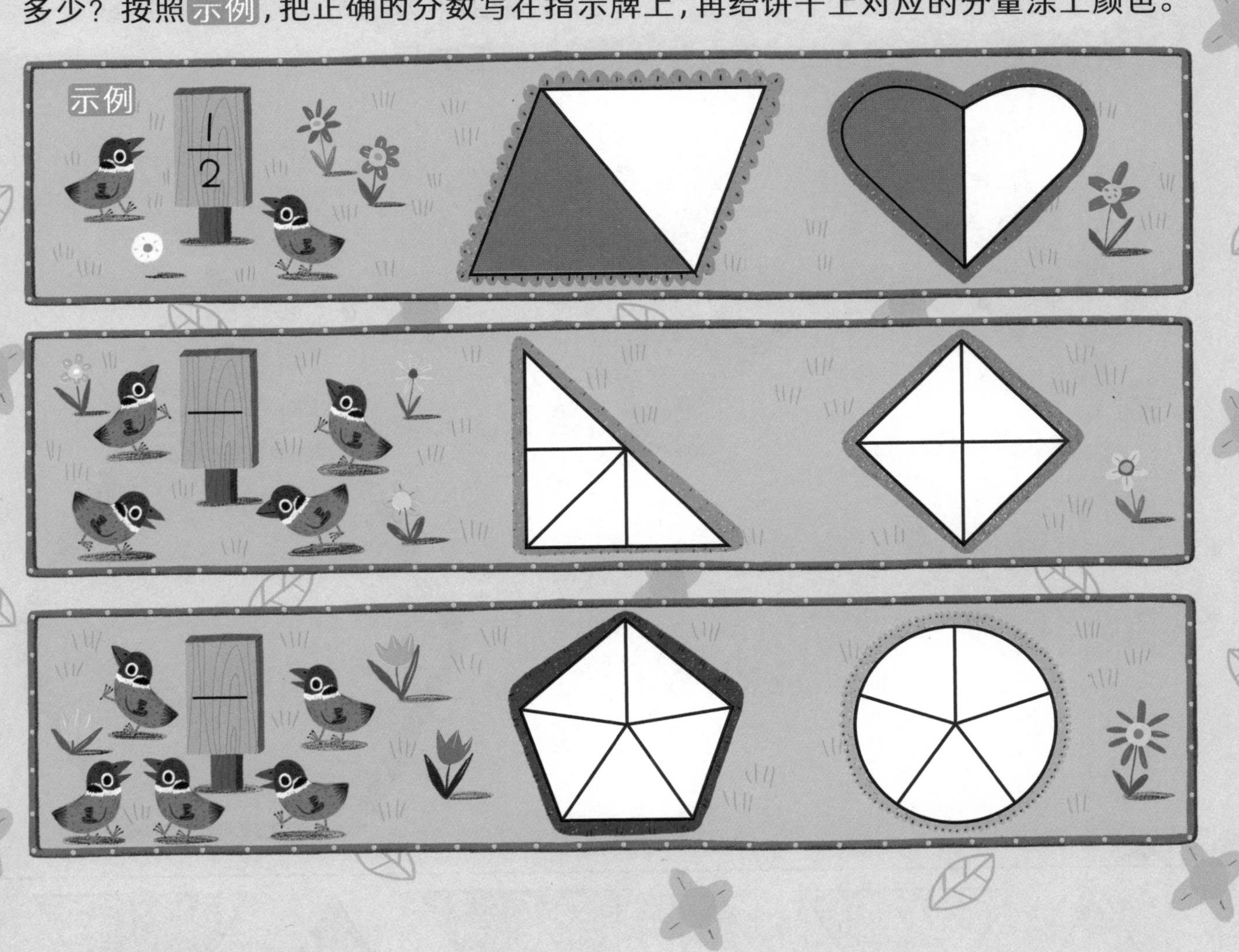

趣味小游戏3 制作坐垫

狐狸奶奶打算给孙子们做 3 个坐垫。老大的坐垫需要 2 个布块，老二的坐垫需要 3 个布块，老三的坐垫需要 6 个布块。先把最下方的布块沿着黑色实线剪下来，再将颜色相同的组合在一起，并贴在对应的坐垫上。

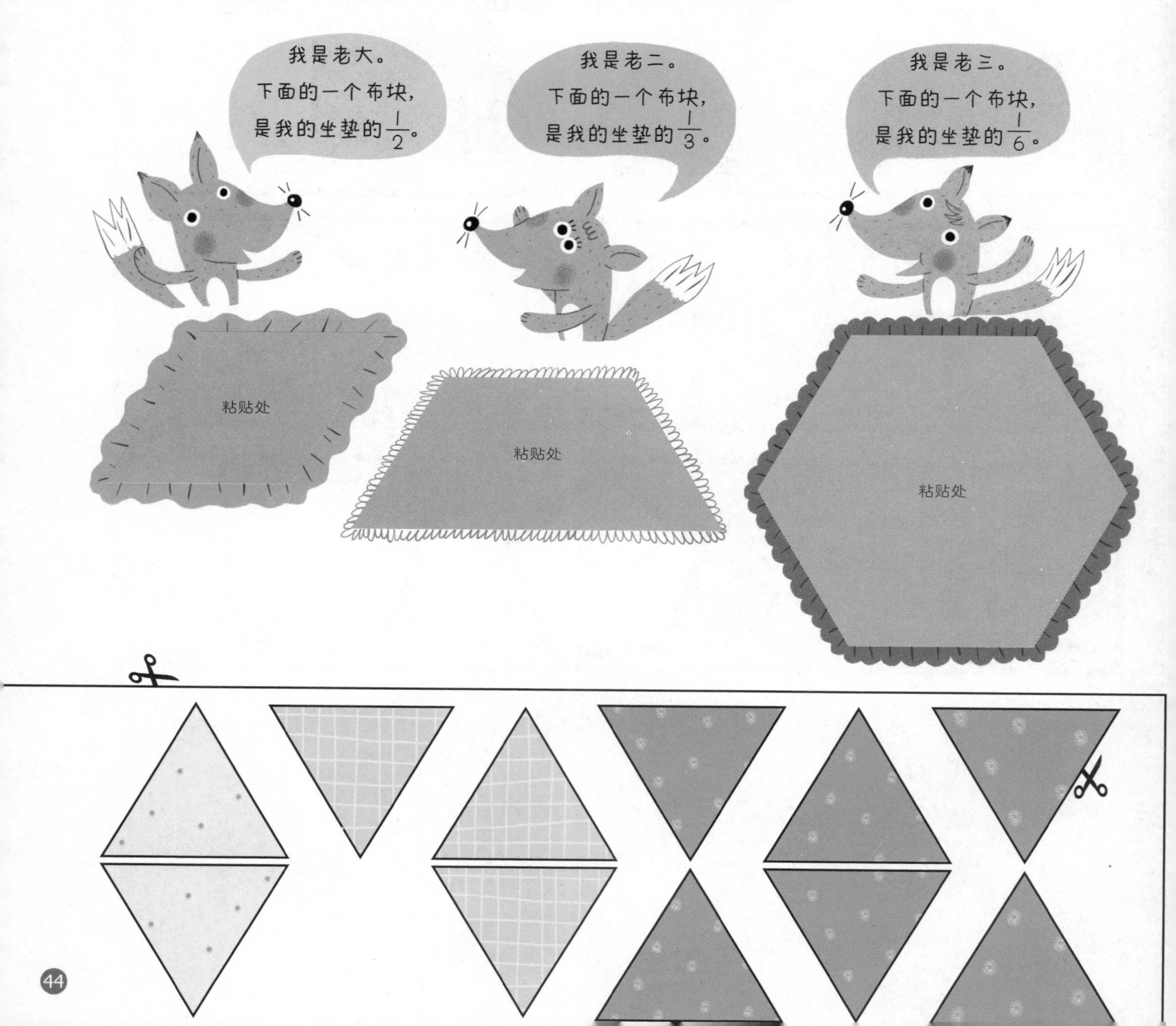

多种多样的分数

趣味小游戏4

观察彩色三角形的占格情况，分别圈出正确的分数。再沿着黑色实线把最下方的纸条剪下来，折叠，根据分数的种类分别粘贴在对应的位置上。

寻找田鼠的家

小田鼠从家里出来寻找食物，但是不小心迷路了。如果沿着食物图画与分数相符的指示牌走，就能找到家。请你帮小田鼠找到回家的路吧！

分子和分母相等或分子比分母大的分数。

粘贴处

由整数和真分数合成的分数。

粘贴处

分子比分母小的分数。

粘贴处

在故事中加入分数

趣味小游戏 6

先读一读锦鸡和田鼠分蛋糕的故事，再试着在野猪和田鼠分田地的故事里加入分数的元素，并用生动有趣的文笔记录下来吧。

今天是锦鸡的生日。

田鼠带着生日蛋糕，来到了锦鸡的家。锦鸡高兴地把蛋糕平分成了 8 块。

然后，锦鸡吃了 1 块，田鼠吃了 2 块。也就是说，锦鸡吃了蛋糕的 $\frac{1}{8}$，田鼠吃了蛋糕的 $\frac{2}{8}$。最后，蛋糕还剩下 $\frac{5}{8}$。

肚子吃得饱饱的锦鸡和田鼠，一起开心地去外面玩儿了。

野猪和田鼠都想分得更多的田地，他们吵了起来。

参考答案

42~43 页

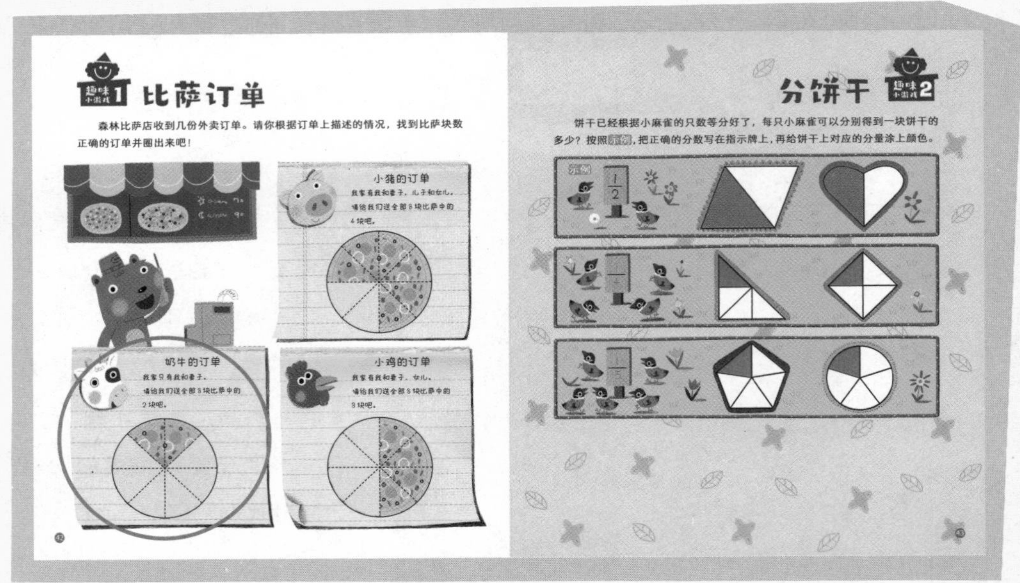

趣味小游戏1 比萨订单

森林比萨店收到几份外卖订单。请你根据订单上描述的情况，找到比萨块数正确的订单并圈出来吧！

小猪的订单

我家有我和妻子，儿子和女儿。请给我们送全部8块比萨中的4块吧。

奶牛的订单

我家只有我和妻子。请给我们送全部8块比萨中的2块吧。

小鸡的订单

我家有我和妻子，女儿。请给我们送全部8块比萨中的3块吧。

分饼干 趣味小游戏2

饼干已经根据小麻雀的只数等分好了，每只小麻雀可以分别得到一块饼干的多少？按照示例，把正确的分数写在指示牌上，再给饼干上对应的分量涂上颜色。

44~45 页

趣味小游戏3 制作坐垫

狐狸奶奶打算给孙子们做3个坐垫。老大的坐垫需要2个布块，老二的坐垫需要3个布块，老三的坐垫需要6个布块。先把最下方的布块沿着黑色实线剪下来，再将颜色相同的组合在一起，并贴在对应的坐垫上。

多种多样的分数 趣味小游戏4

观察彩色三角形的占格情况，分别圈出正确的分数。再沿着黑色实线把最下方的纸条剪下来，折叠，根据分数的种类分别粘贴在对应的位置上。